FORSCHUNGSBERICHTE DES LANDES NORDRHEIN-WESTFALEN

Nr. 1876

Herausgegeben im Auftrage des Ministerpräsidenten Heinz Kühn
von Staatssekretär Professor Dr. h. c. Dr. E. h. Leo Brandt

DK 543.544:674.048.4

Dr.-Ing. Hans-Joachim Petrowitz

Bundesanstalt für Materialprüfung Berlin-Dahlem

Über den Nachweis von Kontaktinsektiziden in öligen Holzschutzmitteln und in damit behandeltem Holz

WESTDEUTSCHER VERLAG · KÖLN UND OPLADEN 1967

ISBN 978-3-663-03938-9   ISBN 978-3-663-05127-5 (eBook)
DOI 10.1007/978-3-663-05127-5

Verlags-Nr. 011876

Gesamtherstellung: Westdeutscher Verlag

Inhalt

Für die Anregung zu dieser Arbeit danke ich Herrn Direktor Professor Dr. GÜNTHER BECKER.

1. Einleitung

Die große Zahl der auf dem Markt befindlichen, amtlich anerkannten Holzschutzmittel läßt sich in zwei Gruppen aufteilen, nämlich in die wasserlöslichen und die öligen Holzschutzmittel. Präparate beider Gruppen werden im Hochbau für einen vorbeugenden Schutz und zur Bekämpfung holzzerstörender Insekten in großem Umfang eingesetzt. Daraus ergibt sich die Notwendigkeit, über geeignete Analysen-Verfahren verfügen zu können, die es ermöglichen, entweder Holzschutzarbeiten im Rahmen von Güteüberwachungen und Gutachten zu beurteilen oder Fragen von wissenschaftlicher Bedeutung zu beantworten.

Soweit es sich bei Holzschutzmitteln um wasserlösliche Zubereitungen auf der Basis anorganischer Salze und Salzgemische handelt, lassen sich zur mengenmäßigen Bestimmung der betreffenden Elemente klassische Analysen-Verfahren anwenden, nachdem zuvor das anwesende Holz restlos aus der Analysen-Probe entfernt worden ist. Anders verhält es sich bei den öligen Holzschutzmitteln. In dieser Gruppe hat man zu unterscheiden zwischen Steinkohlenteeröl- und Chlornaphthalin-Präparaten sowie solchen öligen Mitteln, die geringe Mengen hochwirksamer insektizider und fungizider Verbindungen in einem Lösungsmittel (z. B. Mineralöl) enthalten. Zur Erzielung einer erhöhten Dauerwirkung [1] können zusätzlich auch Präparaten der beiden erstgenannten Schutzmitteltypen solche Wirkstoffe beigegeben sein. Bei der Analyse öliger Holzschutzmittel ist somit dem qualitativen und quantitativen Nachweis von Insektiziden und Fungiziden besondere Aufmerksamkeit zuzuwenden. Das setzt voraus, daß mikroanalytische Verfahren zur Verfügung stehen, die eine hohe Nachweisempfindlichkeit besitzen und die es außerdem ermöglichen, zwischen Isomeren zu unterscheiden.

Im Gegensatz zu den wasserlöslichen Holzschutzmitteln, die zum großen Teil Fluor-Verbindungen als wirksame Bestandteile enthalten und deren Eindringtiefen daher mit Hilfe der Zirkon-Alizarin-Reaktion gut ermittelt werden können, läßt sich die Eindringung öliger Holzschutzmittel nur schwer in damit behandeltem Holz nachweisen. Da die Wirkstoffe mit Ausnahme des Pentachlorphenols [2] charakteristische Farbreaktionen im Holz nicht eingehen, werden Nachweismöglichkeiten der Öle selbst – sofern diese nicht schon durch ihre Eigenfarbe erkennbar sind – ausgenutzt, um Eindringtiefen bestimmen zu können. Ein in der Praxis gebräuchliches Verfahren [3] geht davon aus, daß bei der Behandlung mit öligen Holzschutzmitteln eine Hydrophobierung des Holzes erfolgt. Beim Bestreichen von Schnittflächen mit Jod-Schwefelsäure-Lösung tritt in nicht vom Öl erfaßten Bereichen des Holzes durch Abbau-Reaktionen eine Verfärbung auf, die sich von derjenigen der hydrophobierten Zone unterscheidet, so daß auf diese Weise eine Markierung der Eindringtiefe erfolgen kann. Einschränkend muß jedoch betont werden, daß dieses Verfahren auf alle im Holz befindlichen Öle anspricht, also auch auf nicht insektizid- und fungizid-wirksame Mineralöle. Bei leicht flüchtigen Ölen als Trägersubstanz kann es zu Fehlbeurteilungen kommen, wenn entweder das Holz nicht genügend hydrophob ist oder bei einer erst nach längerer Zeit vorgenommenen Eindringtiefen-Bestimmung, wenn das Öl schon teilweise aus dem Holz verdunstet ist, so daß die ursprünglich erreichte Eindringtiefe nicht mehr erkannt werden kann.

So entstand die Notwendigkeit, nach weiteren Möglichkeiten zu suchen, um Holzschutzarbeiten, die mit öligen Holzschutzmitteln ausgeführt worden sind, möglichst schnell und ohne großen apparativen Aufwand, jedoch mit größerer Sicherheit in der Aussagekraft beurteilen zu können. Als erfolgversprechend konnten neben spektroskopischen besonders chromatographische Verfahren angesehen werden, die in verschiedener Form bereits für Kontaktinsektizid-Analysen eingesetzt worden sind. Es würde in diesem Rahmen zu weit führen, alle diesbezüglich in der Literatur beschriebenen Verfahren zu zitieren. Daher sollen im folgenden nur solche Arbeiten berücksichtigt werden, die in engerem Zusammenhang mit der Holzschutzmittel-Analyse stehen.

2. Zur Säulen- und Papierchromatographie von Kontaktinsektiziden

Von der Vielzahl bekannter Kontaktinsektizide besitzen nur einige als Wirkstoffe in öligen Holzschutzmitteln Bedeutung. Abgesehen von Steinkohlenteeröl-Komponenten (z. B. α- und β-Naphthol) mit insektizider und fungizider Wirkung und von Chlornaphthalin haben sich besonders γ-Hexachlorcyclohexan als Insektizid und Pentachlorphenol als Fungizid mit zusätzlichen insektiziden Eigenschaften bewährt; weiterhin können Diäthylnitrophenylthiophosphat (E 605), Dichlordiphenyltrichloräthan (DDT) oder Aldrin in öligen Holzschutzmitteln enthalten sein, womit die wichtigsten genannt sind.

Die Analyse von Kontaktinsektiziden in öligen Holzschutzmitteln und in damit behandeltem Holz setzt, wie schon eingangs gesagt, eine hohe Nachweisempfindlichkeit des Verfahrens voraus.

Geht man von einer Aufbringmenge von 300 bis 400 g öligen Holzschutzmittels je m² Holzfläche aus, so ergibt sich für einen nach DIN 52161 entnommenen Bohrkern (Durchmesser 8 mm) ein Gehalt von 15 bis 20 mg des eingebrachten Holzschutzmittels. Wenn der Wirkstoff-Gehalt des verwendeten Mittels 1% beträgt, sind maximal 150 bis 200 μg des jeweiligen Wirkstoffes im Bohrkern enthalten, die nach Extraktion in aliquoten Teilen des auf ein bestimmtes Volumen aufgefüllten Extraktes zu bestimmen sind.

Die Synthese von Hexachlorcyclohexan (HCH) liefert ein Isomerengemisch, das rd. 12–15% des insektiziden γ-HCH enthält. Wie aus Abb. 1 zu ersehen ist, unterscheiden sich die Isomeren durch die verschiedene Stellung der 6 Chlor-Atome, die axial oder äquatorial ausgerichtet sein können. Im γ-HCH nehmen 3 Chlor-Atome eine axiale und 3 eine äquatoriale Stellung ein.

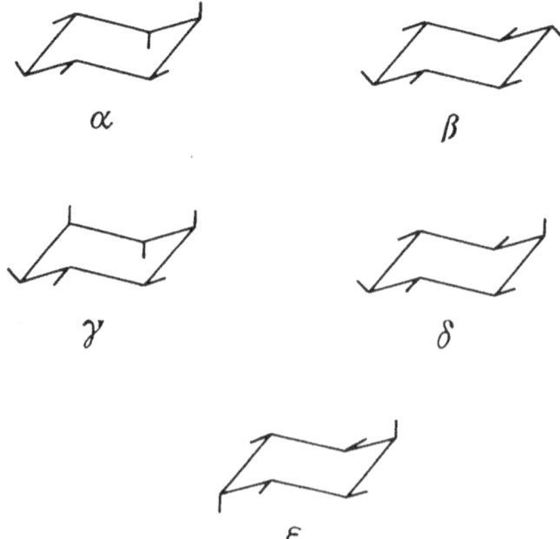

Abb. 1   Konfiguration einiger 1,2,3,4,5,6-Hexachlorcyclohexane

Es sind ölige Holzschutzmittel bekannt, die entweder nur γ-HCH oder aber das Isomerengemisch enthalten. Aus diesem Grunde ist es notwendig, daß bei der chromatographischen Analyse eine Trennung der Isomeren erreicht wird, um entscheiden zu können, ob γ-HCH in genügender Menge im Gemisch enthalten ist.

Die Auftrennung des Isomerengemisches ist zunächst mit Hilfe der Säulenchromatographie erfolgreich durchgeführt worden [4, 5, 6, 7]. Dabei hat sich mit Nitromethan imprägniertes Kieselgel als stationäre Phase und *n*-Hexan als mobile Phase besonders bewährt. Ebenfalls mit Erfolg konnte die Papierchromatographie zur Trennung der Isomeren eingesetzt werden. Als mobile Phase wurden auch hier aliphatische Kohlenwasserstoffe bevorzugt; das als stationäre Phase dienende Papier kann zuvor mit Vaseline [8] oder mit Acetanhydrid [9] behandelt werden, es läßt sich aber auch unbehandelt verwenden, wie H. H. Dietrichs und W. Sandermann [10] bei der papierchromatographischen Analyse von Holzschutzmitteln zeigten. Als Nachweisempfindlichkeit für γ-HCH geben die genannten Autoren 75 μg an.

Durch Kondensation von Chlorbenzol und Chloral (Trichloracetaldehyd) entsteht das Dichlordiphenyltrichloräthan (DDT).

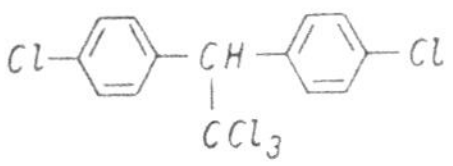

Für die chromatographische Analyse von DDT werden neben einigen allgemeinen säulenchromatographischen Arbeiten [11, 12] spezielle adsorptionschromatographische Verfahren zur Trennung des DDT von HCH [13] bzw. Aldrin und Dieldrin [14] beschrieben. Wichtig ist auch eine Reihe von Arbeiten über die Papierchromatographie des DDT [10, 15, 16, 17].

Aus der Gruppe der chlorierten Kohlenwasserstoffe, die nach der Diels–Alderschen Diensynthese dargestellt werden, sind Aldrin und Dieldrin zu nennen, da sie als Wirkstoffe in öligen Holzschutzmitteln vorkommen können.

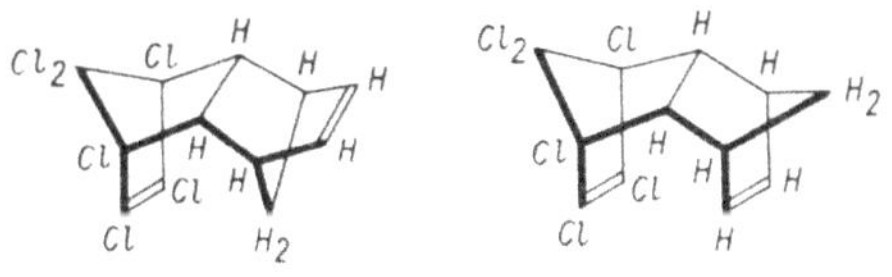

Wie aus den Formelbildern ersichtlich ist, existiert neben dem Aldrin das stereoisomere Isodrin, das sich durch die Stellung der Methylenbrücke (endo–endo) von Aldrin (endo–exo) unterscheidet. Entsprechend gibt es vom Dieldrin, dem durch Oxydation der Methylen-Doppelbindung mit Persäuren aus Aldrin entstehenden 6,7-Epoxyderivat, das stereoisomere Endrin. Neben säulenchromatographischen Analysen von Aldrin und Dieldrin [14] gelingt der papierchromatographische Nachweis von allen vier Verbindungen mit verschiedenen Fließmittelsystemen [18, 19, 20].

Durch Umsetzung von Diäthylthiophosphorsäurechlorid mit dem Natriumsalz des *p*-Nitrophenols entsteht Diäthylnitrophenylthiophosphat (E 605), das in der ausländischen Literatur als Parathion bezeichnet wird.

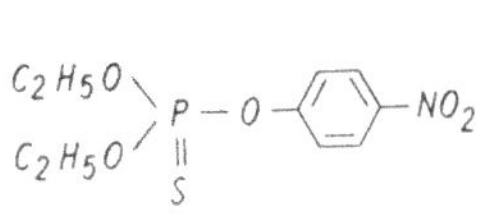

Für die Papierchromatographie von E 605 verwendeten DIETRICHS und SANDERMANN methanolgesättigtes Heptan als Fließmittel und wiesen noch 25 μg des Wirkstoffes nach [10].

Das Pentachlorphenol (PCP) zählt neben dem Hexachlorcyclohexan zu den wichtigsten Wirkstoffen, die in öligen Holzschutzmitteln enthalten sind. Von den chromatographischen Verfahren fand die Papierchromatographie Anwendung zur Trennung von anderen Chlorphenolen [21] und zur Identifizierung in Holzschutzmitteln [10, 22].

Alle bisher angeführten chromatographischen Trennungen der Wirkstoffe lassen sich gut für Einzelbestimmungen anwenden. Ihr Einsatz für Reihen- und Routine-Untersuchungen wird aber durch den relativ großen Zeitbedarf erschwert. Auch reicht oft die Nachweisempfindlichkeit nicht aus, um die Wirkstoff-Menge in einem Bohrkern zu erfassen. Es galt daher, neue chromatographische Arbeitstechniken wie die Dünnschichtchromatographie und die Gaschromatographie auf ihre Anwendungsmöglichkeit bei der Holzschutzmittel-Analyse zu prüfen, worüber im folgenden berichtet werden soll.

3. Zur Dünnschichtchromatographie von Kontaktinsektiziden

In neuerer Zeit hat eine adsorptionschromatographische Arbeitstechnik, die Dünnschichtchromatographie, schnell für die Laboratoriumspraxis Bedeutung gewonnen. Dieses im Prinzip bereits von N. A. IZMAILOV und M. S. SHRAIBER [23], J. G. KIRCHNER, J. M. MILLER und G. J. KELLER [24] sowie R. H. REITSEMA [25] beschriebene Verfahren ist von E. STAHL [26] weiterentwickelt und, besonders im Hinblick auf die zum Bereiten der Schichten benutzten Sorptionsmittel, standardisiert worden.

Wie Versuche von H.-J. PETROWITZ [27, 28] und R. DETERS [29] gezeigt haben, eignet sich die Dünnschichtchromatographie gut zur Analyse der in öligen Holzschutzmitteln enthaltenen Wirkstoffe. Das gilt besonders auch im Hinblick auf Reihenuntersuchungen, weil im Vergleich zur Papierchromatographie wesentlich kürzere Analysenzeiten erforderlich sind und die Nachweisempfindlichkeit um 1 bis 2 Zehnerpotenzen höher liegt.

3.1 Zur Technik der Dünnschichtchromatographie

Die experimentelle Durchführung der Chromatographie ist einfach: Glasplatten werden mit einem dünnflüssigen Brei (z. B. 60 g Kieselgel und 100 ml Wasser für 10 Platten der Größe 20 cm × 20 cm) des Sorptionsmittels gleichmäßig und luftblasenfrei beschichtet. Nach anschließendem Trocknen an der Luft und Aktivieren im Trockenschrank bei 105 °C sind die Schichten gebrauchsfertig. Bei allen im Rahmen der vorliegenden Arbeit ausgeführten Analysen ist aufsteigend chromatographiert worden, wobei die Schichten etwa 0,5 cm tief in das jeweils verwendete Fließmittel eintauchten. Im allgemeinen reicht es aus, wenn die Laufstrecke des Fließmittels 10 cm beträgt. Zum Zwecke der Reproduzierbarkeit der Rf-Werte ist es üblich, dafür zu sorgen, daß während der Analyse die Chromatographie-Kammer mit Fließmittel-Dämpfen gesättigt ist. Wie sich bei Versuchen herausstellte, kann aber beim Arbeiten ohne Kammersättigung der Trenn-Effekt verbessert werden. Auf diese Weise können besonders flüchtige

8

Bestandteile des Fließmittelsystems leichter von der Schicht in die Chromatographie-Kammer verdunsten, die Laufzeit wird verlängert, und die Substanzen setzen sich besser voneinander ab. Schwankungen im Rf-Wert sind ohne Bedeutung, wenn die zu bestimmende Substanz als Vergleichs-Chromatogramm mitläuft. Abb. 2 zeigt am Beispiel der Trennung von Isomeren des HCH den Einfluß der Kammersättigung in Verbindung mit der Länge der Laufstrecke. Um den Effekt deutlich werden zu lassen, ist ein Fließmittelsystem mit einem hohen Anteil des besonders leicht flüchtigen Pentans ausgewählt worden. Bei der Arbeitsweise ohne Kammersättigung ist die Isomeren-Trennung nach 10 cm Laufstrecke besser als bei dem entsprechenden Versuch mit Kammersättigung und 13 cm Laufstrecke. Die Laufzeit verlängert sich um etwas mehr als ein Drittel beim Chromatographieren ohne Kammersättigung.

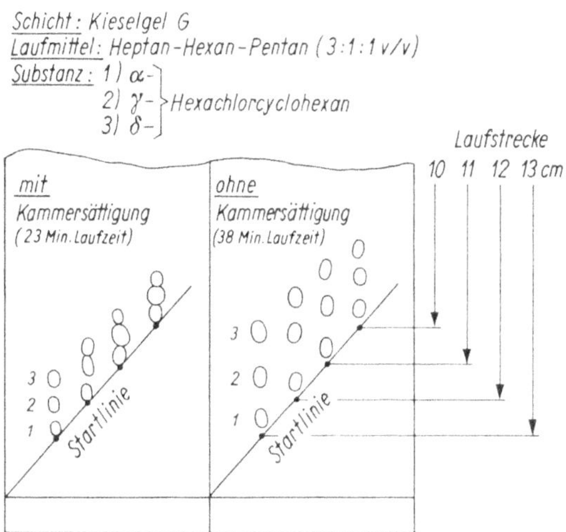

Abb. 2   Dünnschichtchromatographie einiger isomerer Hexachlorcyclohexane unter verschiedenen Bedingungen

Ebenso an Kieselgel mit unpolaren Fließmitteln läßt sich DDT chromatographieren und von den HCH-Isomeren abtrennen. Die gleichen chromatographischen Bedingungen sind auch geeignet, Aldrin von Isodrin zu trennen; Dieldrin und Endrin trennen sich entgegen einer früheren Mitteilung [27] nicht und wandern nur eine kurze Strecke auf dem Chromatogramm.

Die Dünnschichtchromatographie von E 605 wird am besten mit den Fließmitteln Chloroform oder Benzol vorgenommen.

Zur Analyse des Pentachlorphenols auf dünnschichtchromatographischem Wege ist es zweckmäßig, an Stelle der normalen neutralen Kieselgelschichten saure Schichten zu verwenden, für deren Herstellung statt Wasser eine 0,5–1%ige wässerige Lösung von z. B. Oxalsäure [43] oder Borsäure [44] zum Anrühren des Sorptionsmittels dient. (Auch die Lösungen anderer organischer Säuren [44] wie Weinsäure, Zitronensäure, Salicylsäure oder Phthalsäure sind geeignet.) An solchen sauren Schichten kann Pentachlorphenol von den übrigen Kontaktinsektiziden mit Benzol oder Chloroform als Fließmittel abgetrennt werden.

Um Pentachlorphenol von anderen Chlorphenolen zu trennen, kann an normalen Kieselgelschichten mit den in Tab. 1 aufgeführten Fließmitteln gearbeitet werden. Das chromatographische Verhalten der Verbindungen wird maßgeblich durch die Zahl der im Molekül enthaltenen Chlor-Atome sowie durch die Konstitution der Verbindungen (Trennung der isomeren Trichlor-Verbindungen) bestimmt.

Nr.	Verbindung	Rf-Werte mit	
		Benzol	Benzol/Methanol 95/5
I	2,3-Dichlorphenol	30	37
II	2,4-Dichlorphenol	30	36
III	2,5-Dichlorphenol	30	41
IV	2,4,5-Trichlorphenol	25	34
V	2,4,6-Trichlorphenol	32	40
VI	2,3,4,6-Tetrachlorphenol	23	27
VII	Pentachlorphenol	12	17

Schicht: Kieselgel G (Merck AG, Darmstadt)
Laufstrecke: 10 cm
Sichtbarmachung: Diazotiertes Benzidin

3.2 Das Sichtbarmachen der getrennten Substanzen

Nach dem Chromatographieren lassen sich die chlorhaltigen Kontaktinsektizide gut sichtbar machen, indem die Schichten zunächst mit Monoäthanolamin besprüht, einige Zeit im Trockenschrank bei 105°C belassen und dann mit einer salpetersauren Silbernitrat-Lösung ($\frac{n}{10}$ Silbernitrat-Lösung und Salpetersäure ($d = 1,40$), $10 + 1\ v/v$) besprüht werden. Nach kurzer Zeit, besonders schnell im Sonnenlicht, treten dunkelbraune Flecken hervor. Auf diese Weise lassen sich noch 5 μg γ-HCH und 10 μg DDT erkennen. Um eine Steigerung der Nachweisempfindlichkeit zu erzielen, sind andere in der Literatur beschriebene Verfahren zum Anfärben der getrennten Verbindungen erprobt worden. Bei der Beurteilung muß berücksichtigt werden, daß später keine reinen Kontaktinsektizide nachzuweisen sind, sondern diese im Gemisch mit anderen in öligen Holzschutzmitteln enthaltenen Komponenten vorliegen, die möglicherweise Farbreaktionen stören können.

Methylgelb in alkoholischer Lösung als Sprühreagens bei der Papierchromatographie von chlorierten Kohlenwasserstoffen [30] bringt bei dünnschichtchromatographischen Analysen keine besonderen Vorteile. Eine von D. Katz [31] vorgeschlagene Anfärbung der Flecken mit Diphenyl-Zinkchlorid und anschließendem Erwärmen auf 200°C eignet sich nicht zum Nachweis der HCH-Isomeren, während z. B. DDT (2 μg), Toxaphen (2 μg) und Methoxychlor (1 μg) gut nachweisbar sind.

Bei weiteren Versuchen stellte sich heraus, daß eine 0,5%ige alkoholische Lösung von o-Tolidin oder o-Dianisidin als Sprühreagens [32] auch beim Nachweis von Kontaktinsektiziden in öligen Holzschutzmitteln gut geeignet ist und die Nachweisempfindlichkeit um 1 Zehnerpotenz steigert. Nach dem Sprühen werden die Schichten 10 Minuten einer UV-Bestrahlung (254 nm) ausgesetzt, wobei grüne Flecken entstehen.

Schließlich besteht die Möglichkeit, der Schicht Fluoreszenzfarbstoffe zuzusetzen und nach erfolgter Trennung die Substanzen im UV-Licht zu identifizieren. Neben den bereits länger bekannten Schichten mit Natriumfluorescein [26] ist von R. Tschesche und Mitarbeitern [33] der Zusatz von Pyren-Derivaten empfohlen worden. Wie sich zeigte, ergeben Fluoreszenz-Schichten keine wesentliche Verbesserung der Nachweisempfindlichkeit bei Holzschutzmittel-Analysen.

E 605 läßt sich durch Besprühen mit schwach salzsaurer Palladium-II-Chlorid-Lösung sichtbar machen [45]. Es lassen sich noch Substanz-Mengen < 5 μg erkennen (Farbe der Substanz-Flecken grau, bei Mengen über 20 μg gelb).
Zum Sichtbarmachen der phenolischen Verbindungen (Naphthole, Chlorphenole) werden die Chromatogramme mit diazotiertem Benzidin besprüht. Pentachlorphenol läßt sich auch mit o-Tolidin nachweisen.

3.3 Das Arbeiten mit speziellen Schichtmaterialien

Ein Weg, die dünnschichtchromatographische Analyse empfindlicher zu gestalten, ist das Arbeiten mit besonders dünnen Schichten [34]. Wenn normalerweise bei einer Schichtdicke von 250 μ der Nachweis von 5 μg HCH oder 10 μg DDT gelingt, so läßt sich an Sorptionsschichten von 100 μ noch etwa die Hälfte der genannten Mengen erkennen. Bei entsprechenden Versuchen ist zum Sichtbarmachen der Verbindungen das Besprühen mit Silbernitrat angewendet worden. Allerdings bereitet das Herstellen solcher dünnen Schichten Schwierigkeiten, besonders im Hinblick auf ihre Gleichmäßigkeit.
In letzter Zeit sind Schichtmaterialien (Eastman Chromagram-Blätter, MN Polygram-Folien) in den Handel gekommen, die im Lieferzustand bereits gebrauchsfertig für die dünnschichtchromatographische Analyse sind. Sie bestehen aus einer etwa 100 μ dicken Sorptionsschicht, die sich auf einer flexiblen, chemisch inerten Trägerfolie befindet. Die Gleichmäßigkeit dieser Schichten gewährleistet gut reproduzierbare Resultate. Außerdem können schärfere Trennungen erzielt werden, und zur Chromatographie benötigt man kleinere Mengen Analysensubstanz. Abb. 3 enthält Beispiele

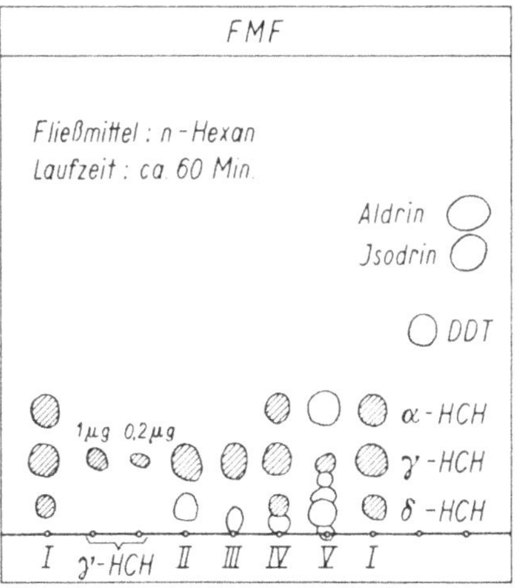

Abb. 3 Dünnschichtchromatographie von Kontaktinsektiziden und öligen Holzschutzmitteln
(Schicht: Eastman Chromagram, Typ K 301 V)

dünnschichtchromatographischer Analysen von Kontaktinsektiziden und öligen Holzschutzmitteln. Die Laufzeit beim Chromatographieren an Dünnschicht-Folien verlängert sich und beträgt bei Verwendung von aliphatischen Kohlenwasserstoffen als Fließmittel etwa 1 Stunde. Zum Sichtbarmachen der Verbindungen diente wiederum die alkoholische Lösung von o-Tolidin. Begünstigt durch das dünne Schichtmaterial konnte die

Nachweisempfindlichkeit weiter erhöht werden, und es ließen sich ohne Schwierigkeit noch 0,2 µg γ-HCH erkennen. Probe I besteht aus einem Gemisch von HCH-Isomeren und dient als Vergleichs-Chromatogramm. Bei den mit II, III und IV bezeichneten Proben handelt es sich um ölige Holzschutzmittel auf Mineralöl-Basis, Probe V ist ein Teeröl-Präparat. (Die Substanz-Flecken der HCH-Isomeren sind in der Zeichnung gestrichelt dargestellt.)

Eine andere Art Dünnschichten amerikanischer Herkunft verzichtet ganz auf Glas- oder Kunststoff-Folien als Schichten-Träger. Diese »Gelman-DC-Schichten SG« bestehen aus Kieselgel und aus eingelagerten Glasfasern, die den mechanischen Halt gewährleisten.

Wie sich bei Versuchen herausstellte, sind die Schichten durch eine hohe Wanderungsgeschwindigkeit der Fließmittel gekennzeichnet. Da die zu chromatographierenden Substanzen schwächer adsorbiert werden, muß bei der Auswahl der Fließmittelsysteme darauf geachtet werden, daß diese weniger polar als bei Anwendung an üblichen Kieselgel-Schichten sind. In diesem Zusammenhang ist es verständlich, daß sich Verbindungen mit starker Adsorptionsaffinität besonders gut an solchen Schichten chromatographieren lassen.

Der Zeitbedarf für die chromatographischen Analysen richtet sich nach dem verwendeten Fließmittel. Bei Hexan beträgt die Chromatographie-Zeit etwa 6 Minuten, bei Benzol 10, bei Cyclohexan und Tetrachlorkohlenstoff 20 Minuten.

Von den chlorierten Kohlenwasserstoffen wandern DDT und Aldrin/Isodrin mit Hexan nahe der Fließmittelfront. Die HCH-Isomeren lassen sich gut voneinander trennen, wie aus dem linken Chromatogramm der Abb. 4 ersehen werden kann. Selbst die isomeren Naphthole und das Pentachlorphenol lassen sich mit Hexan chromatographieren, das diese Verbindungen an normalen Kieselgelschichten nicht über die Startlinie wandern läßt.

Besser noch ist Tetrachlorkohlenstoff als Fließmittel zur Trennung von α- und β-Naphthol geeignet. Das rechte Chromatogramm der Abb. 4 zeigt die Identifizierung dieser phenolischen Verbindungen neben anderen Komponenten des Steinkohlenteeröls. Tab. 2 enthält zusammenfassend die Rf-Werte von Wirkstoffen.

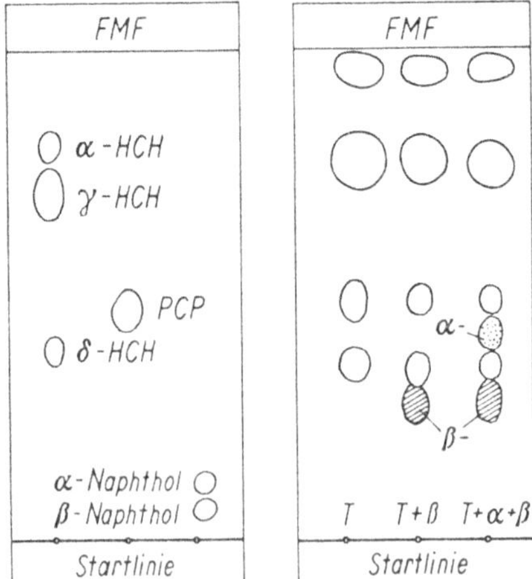

Abb. 4   Dünnschichtchromatographie von Kontaktinsektiziden (links) und von Steinkohlenteeröl (T) mit Zusatz von β-Naphthol (T + β) und α-Naphthol (T + α + β) (rechts) (Schicht: Gelman-DC-Schicht SG)

Verbindung	Rf-Richtwerte nach Versuchsbedingung		
	I	II	III
α-HCH	19	26	81
γ-HCH	11	16	70
δ-HCH	4	6	39
DDT	36	42	> 90
Aldrin	60	64	> 90
Isodrin	51	55	> 90
Dieldrin	6	8	49
Endrin	6	9	54
α-Naphthol	0	0	11
β-Naphthol	0	0	6
Pentachlorphenol	0	0	48

I = Kieselgel G (Merck), *n*-Hexan
II = Eastman Chromagram, Typ K 301 V, *n*-Hexan
III = Gelman-DC-Schicht-SG, *n*-Hexan

3.4 Die quantitative Dünnschichtchromatographie

Ähnlich wie bei papierchromatographischen Analysen lassen sich auch bei der Dünnschichtchromatographie quantitative Auswertungen vornehmen. Es besteht die Möglichkeit, die getrennten Substanzen nach Entfernen aus der Schicht mit Hilfe eines
geeigneten mikroanalytischen Verfahrens (z. B. Gaschromatographie, Spektroskopie,
Kolorimetrie) quantitativ zu bestimmen. Daneben sind eine Reihe von Methoden der
Direktauswertung bekannt. So lassen sich Mengen-Bestimmungen durch Messung der
Extinktion der Flecken im Durchlichtverfahren (Densitometrie), durch Messung im
reflektierten Licht (Remissionsmessungen) und durch Fluoreszenzmessungen vornehmen. Der apparative Aufwand zur Durchführung dieser Verfahren ist groß, die Genauigkeit der Analysen, besonders bei Fluoreszenzmessungen, gut. Einfach und ohne
großen Arbeitsaufwand lassen sich halbquantitative Aussagen auf Grund einer Auswertung der Fleckengröße der getrennten Substanzen gewinnen.
Dieses Verfahren ist vielseitig anwendbar und besitzt eine Genauigkeit von 5 bis 10%.
An Hand von Eichgeraden, in denen die Fläche des Substanzfleckens gegen den
Logarithmus der Substanz-Menge aufgetragen ist, können unbekannte Konzentrationen
ermittelt werden. Es ist zu beachten, daß bei diesen Analysen die chromatographischen
Bedingungen wie Schichtdicke, Fließmittel und Kammersättigung konstant gehalten
werden und so ausgewählt sind, daß die zu bestimmende Substanz möglichst einen
Rf-Wert zwischen 20 und 60 hat. Ferner ist es wichtig, die Startflecken gleich groß zu
halten.
Nachdem bereits an anderer Stelle Eichkurven von Kontaktinsektiziden und Teeröl-
Komponenten nach Chromatographie an Kieselgelschichten veröffentlicht worden
sind [28], werden hier als Beispiele (Abb. 5) graphische Auswertungen von Chromato-
grammen zur quantitativen Analyse von γ-HCH, Pentachlorphenol und Aldrin wieder-
gegeben. Als Schichtmaterialien sind Gelman-DC-Schichten SG (γ-HCH, PCP; obere
graphische Darstellung) und Eastman-Chromagram-Blätter (γ-HCH, Aldrin; untere
graphische Darstellung) verwendet worden, *n*-Hexan diente als Fließmittel, und das
Sichtbarmachen der Substanzen erfolgte mit o-Tolidin.

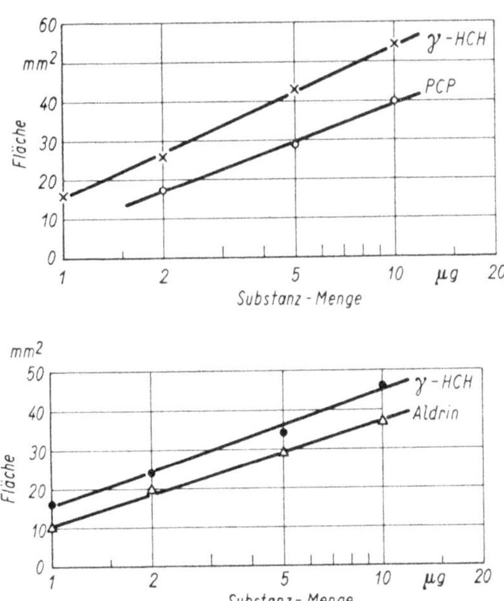

Abb. 5   Abhängigkeit der Fleckengröße von der Substanz-Menge einiger Kontaktinsektizide an verschiedenen Schichtmaterialien

4. Zur Gaschromatographie von öligen Holzschutzmitteln und Kontaktinsektiziden

Im Gegensatz zur Dünnschichtchromatographie erfordert die Gaschromatographie einen kostspieligen apparativen Aufwand. Dafür ist aber die Aussagekraft gaschromatographischer Analysen, besonders auch im Hinblick auf quantitative Bestimmungen, größer und genauer.

Auf die Funktionsbeschreibung eines Gaschromatographen und die Wirkungsweise der Detektoren soll hier nicht näher eingegangen werden; es sei statt dessen auf die zahlreichen Fachbücher über die Gaschromatographie verwiesen.

Die hier beschriebenen Arbeiten sind mit einem F & M-Gaschromatographen, Modell 500, ausgeführt worden. Als Detektor diente eine Wärmeleitfähigkeitsmeßzelle, und Helium wurde bei den Analysen als Trägergas verwendet. Die Ausstattung des Gerätes für eine temperaturprogrammierte Betriebsweise, d. h. die reproduzierbare kontinuierliche Erhöhung der Säulentemperatur während der Chromatographie ermöglichte das Erfassen leicht und schwer flüchtiger Bestandteile öliger Holzschutzmittel in einem Analysengang. Damit war eine wichtige Voraussetzung erfüllt, um kleine Analysenproben, deren Menge für Vortrennungen – wie z. B. die fraktionierte Destillation – nicht ausreicht, schnell und sicher analysieren zu können; denn sowohl die Komponenten des Steinkohlenteeröles und der Mineralöle als auch die verschiedenen Wirkstoffe gehören allen Siedebereichen an.

Die gaschromatographische Analyse von Kontaktinsektiziden bereitet gewisse Schwierigkeiten, da die Schwerflüchtigkeit der Verbindungen hohe Säulentemperaturen erfordert. Auch ist hier nicht jedes Trägermaterial für die stationären Phasen geeignet. So läßt sich Kieselgel nicht verwenden, wohl aber können mit Siliconöl oder Polyäthylenglykol beladenes Sterchamol oder Diaphorit eingesetzt werden [35]. Um schwer flüchtige Verbindungen bei relativ niedrigen Arbeitstemperaturen und kurzen Retentionszeiten chromatographieren zu können, hat es sich als zweckmäßig erwiesen, geringe Mengen der stationären Phase auf Mikroglasperlen aufzutragen. Auf diese Weise führte C. L. GUILLEMIN [36] die Trennung der HCH-Isomeren bei 170°C an Polypropylenglykol mit einem Wärmeleitfähigkeitsdetektor durch.

Abb. 6 zeigt die gaschromatographische Analyse von Kontaktinsektiziden, die beginnend bei einer Anfangs-Säulentemperatur von 50°C bei Probenaufgabe in temperaturprogrammierter Betriebsweise mit einer Steigerungsrate von 5°C/Minute durch-

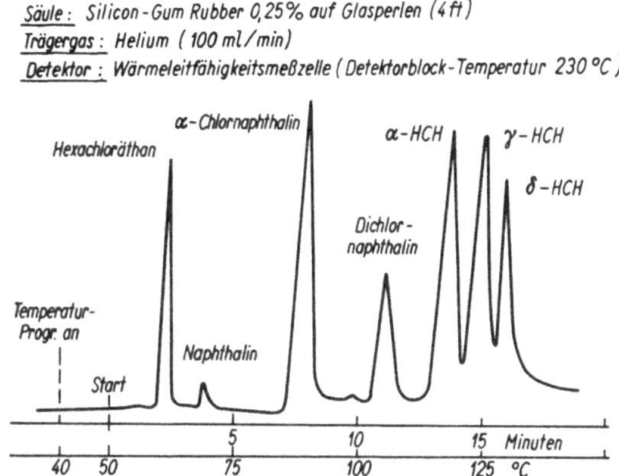

Abb. 6   Temperaturprogrammierte gaschromatographische Analyse von Kontaktinsektiziden

geführt worden ist. Als stationäre Phase eignete sich 0,25% Silicon Gum Rubber auf Glasperlen. Das in der Probe enthaltene α-Chlornaphthalin war technischer Qualität; daher enthält das Chromatogramm zusätzlich die Peaks von Naphthalin und Dichlornaphthalin.

Bei gleichen Versuchsbedingungen sind verschiedene Mengen von γ-HCH und α-Chlornaphthalin chromatographiert worden. Zum Zweck einer quantitativen Auswertung der Chromatogramme sind die Peak-Flächen durch Quadratur nach der Näherungs-Formel »Höhe mal Breite in halber Höhe« bestimmt worden. Dabei ergaben sich die in Abb. 7 wiedergegebenen linearen Beziehungen zwischen der Peak-Fläche und der Substanz-Menge.

Will man mit Hilfe der Gaschromatographie die in Analysenproben enthaltenen Kontaktinsektizide zunächst abtrennen, auffangen und auf anderem Wege quantitativ bestimmen, so muß der Einfluß des Trennsäulenmaterials, das die stationäre Phase enthält, berücksichtigt werden [37]. Säulen aus Kupfer oder Stahl sind nicht und aus Aluminium nur wenig geeignet. Es wird empfohlen, als Säulenmaterial Glas oder Quarz zu wählen. Das gilt besonders auch, wenn an Stelle des weit weniger empfindlichen Wärmeleitfähigkeitsdetektors ein Elektronen-Einfang-Detektor benutzt wird. Dieser gerade für die Bestimmung chlorhaltiger organischer Verbindungen besonders geeignete Detektor [38] vermag Kontaktinsektizide noch im Nanogramm-Bereich zu erfassen. Er läßt sich allerdings bei Holzschutzmittel-Analysen nur nach vorangegangener Abtrennung der zu bestimmenden Wirkstoffe (z. B. mit Hilfe der Dünnschichtchromatographie) einsetzen, da die im Überschuß vorhandenen Ölkomponenten seine Betriebs-

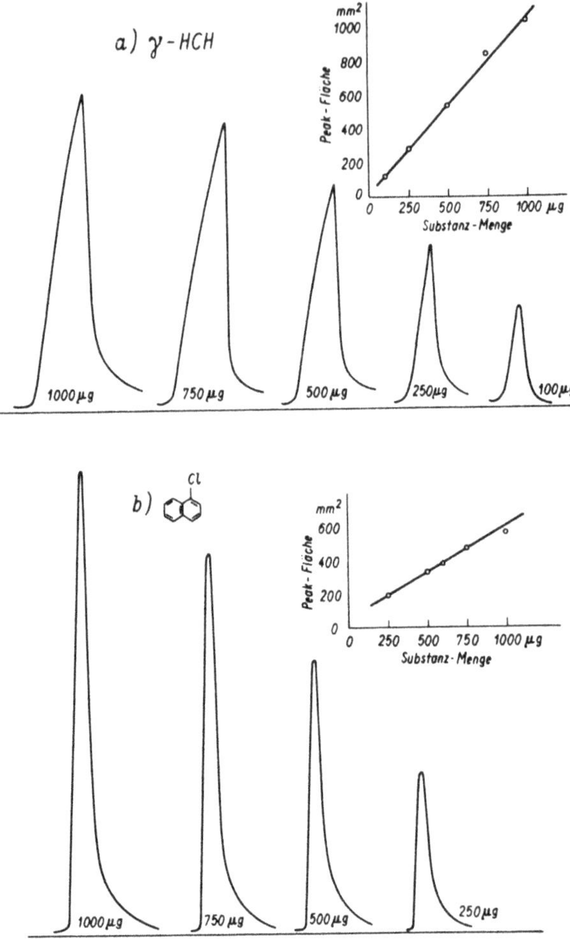

Abb. 7   Zur quantitativen Auswertung von Gaschromatogrammen

bereitschaft stark beeinträchtigen würden. Es sei erwähnt, daß als radioaktive Strahlungsquelle solche Detektoren eine Tritiumfolie enthalten, die bevorzugt wegen des hohen Anteiles an β-Strahlung benutzt wird.

Die Empfindlichkeit des Elektronen-Einfang-Detektors, der noch 0,001 μg γ-HCH gut anzeigt, reicht bei weitem aus, um den Wirkstoff-Gehalt in nach DIN 52161 entnommenen Bohrkernen zu erfassen. Wie bereits erwähnt, muß der Wirkstoff für die Analyse beispielsweise durch vorangegangene präparative Dünnschichtchromatographie [40] abgetrennt werden. Der Wärmeleitfähigkeitsdetektor spricht erst auf größere Mengen an; um in den Anzeige-Bereich zu kommen, sind deswegen mehrere Bohrkerne zu extrahieren und der Extrakt ist auf ein entsprechendes Volumen einzustellen.

Es kann vorkommen, daß auch bei Analysen, die mit einem Wärmeleitfähigkeitsdetektor durchgeführt werden, chromatographische Vortrennungen erforderlich sind. Einzelne Komponenten öliger Holzschutzmittel können gleiche Retentionszeiten wie bestimmte Wirkstoffe besitzen, so daß es zu Peak-Überdeckungen kommt. Die Siedebereiche von Mineralölen, in denen Kontaktinsektizide gelöst enthalten sind, unterscheiden sich sehr voneinander. Abb. 8 zeigt die gaschromatographische Analyse eines öligen Holzschutzmittels, bei dem schon nach 10 Minuten der Hauptteil des Mineralöls

16

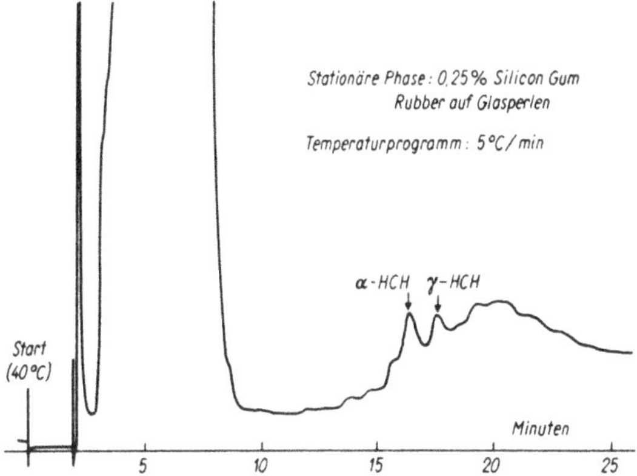

Abb. 8   Gaschromatographische Analyse eines öligen Holzschutzmittels

die Trennsäule passiert hat. Die danach auf dem Chromatogramm erscheinenden HCH-Isomeren lassen sich gut erkennen. In Abb. 9 ist der HCH-Bereich von dem Mineralöl-Anteil überdeckt.

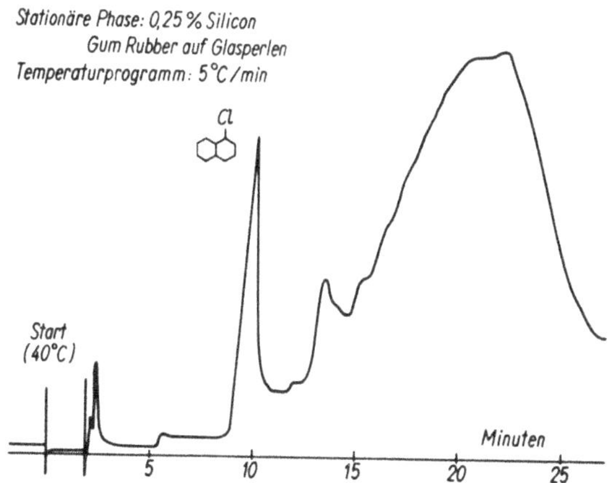

Abb. 9   Gaschromatographische Analyse von 5% α-Chlornaphthalin in Mineralöl

Das α-Chlornaphthalin setzt sich dagegen gut ab. Handelsübliche Chlornaphthalin-Präparate lassen sich gaschromatographisch gut auftrennen, da die darin enthaltenen Komponenten genügend unterschiedliche Flüchtigkeit besitzen. Es ist zweckmäßig, während der Analyse den Empfindlichkeitsbereich des Chromatographen zu verändern, um die geringen Wirkstoff-Zusätze besser neben dem Überschuß an Chlornaphthalin erfassen zu können.

Die gaschromatographische Analyse von mehrkernigen aromatischen Kohlenwasserstoffen, die als Hauptbestandteile von Steinkohlenteerölen auftreten, ist von PETROWITZ eingehend beschrieben worden [39]. Als Hauptanwendungsgebiet von Steinkohlenteerölen im Holzschutz ist die Behandlung von Eisenbahnschwellen und Leitungsmasten zu nennen. Aber auch im Hochbau ist die Verwendung von Spezialdestillaten aus Steinkohlenteer üblich.

Das in Abb. 10 mit A bezeichnete Chromatogramm zeigt ein solches öliges Holzschutzmittel auf Teeröl-Basis, das als Wirkstoff Pentachlorphenol enthält (Peak 9). Im Destillat sind von den höhersiedenden Verbindungen nur noch Diphenylenoxid (Peak 6) und

Fluoren (7) in geringer Menge zu erkennen. Hauptkomponenten des Steinkohlenteeröls
wie Anthracen und Phenanthren sind nicht mehr enthalten. Dadurch ist der Nachweis
von Pentachlorphenol nicht gestört und eine direkte quantitative Auswertung des Peaks
durchführbar. Beispiel B gibt im Gegensatz dazu das Gaschromatogramm eines Stein-

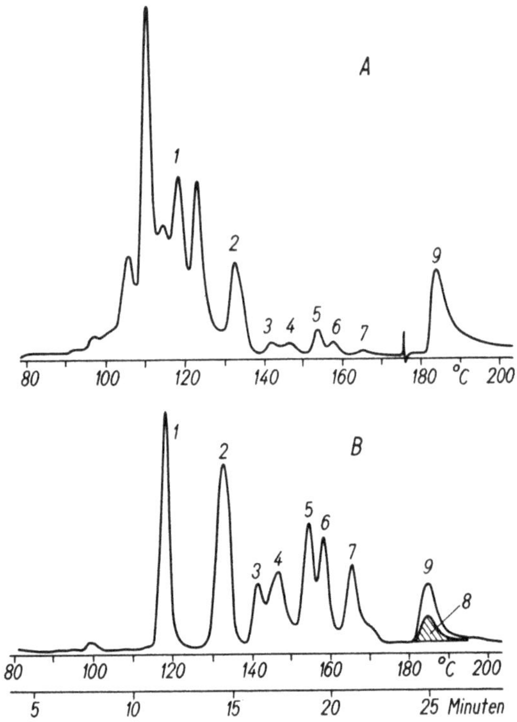

Abb. 10   A: Gaschromatographische Analyse von Pentachlorphenol (9) in einem öligen Holzschutzmittel; B: Gaschromatographische Analyse einer Steinkohlenteeröl-Fraktion
mit Naphthalin (1), Methylnaphthaline (2), Diphenyl (3), Dimethylnaphthaline (4),
Acenaphthen (5), Diphenylenoxid (6), Fluoren (7), Anthracen/Phenanthren (8),
(Pentachlorphenol (9))

kohlenteeröls wieder, dessen Siedebereich zwischen 233°C und 320°C liegt und das
insgesamt 3,6% Anthracen und Phenanthren enthält. Die Retentionszeiten der beiden
Verbindungen (Peak 8) stimmen bei den hier gewählten Versuchsbedingungen überein;
eine gaschromatographische Trennung ist schwierig und gelingt nur mit speziellen
stationären Phasen. Dem durch Strichelung hervorgehobenen Peak 8 überlagert ist
Peak 9, der wie im Beispiel A dem Pentachlorphenol zuzuordnen ist. Hier wird also die
Bestimmung des Pentachlorphenols durch die Anwesenheit von Anthracen und
Phenanthren in der Probe gestört. In solchen Fällen ist eine Vortrennung durch präparative Dünnschichtchromatographie [40] unvermeidlich.
Zusammenfassend läßt sich über gaschromatographische Analysen öliger Holzschutzmittel sagen, daß diese immer dann für Routine-Analysen gut geeignet sind, wenn sich
die Gaschromatographie direkt anwenden läßt. Ist es notwendig, sie mit anderen chromatographischen Trennungen zu koppeln, so besitzt sie zwar eine hohe Aussagekraft,
die experimentelle Durchführung ist aber für Reihen-Untersuchungen mit zahlreichen
Analysenproben zeitlich zu aufwendig.

18

5. Über Ergebnisse von Laboratoriumsversuchen mit öligen Holzschutzmitteln

Nachdem zahlreiche Versuche mit dem Zweck durchgeführt worden sind, ein brauchbares chromatographisches Nachweisverfahren zu entwickeln, das sich für routinemäßige Reihen-Analysen eignet, wurden Untersuchungen angeschlossen, die Aufschluß über die Anwendungsmöglichkeiten in der Holzschutz-Praxis geben sollten. Dabei stand die Beantwortung von zwei wichtigen Fragen im Vordergrund:

1. Welche Eindringtiefen in behandeltem Holz ergeben sich für die in öligen Holzschutzmitteln enthaltenen Wirkstoffe?
2. Verbleiben die mit öligen Holzschutzmitteln eingebrachten Wirkstoffe auch nach Windkanal-Beanspruchung im Holz, und ist ihre Menge für eine Dauerwirkung noch ausreichend?

Wegen des geringen apparativen und zeitlichen Aufwandes und wegen ihrer hohen Nachweisempfindlichkeit fand bei der Durchführung der zur Beantwortung notwendigen Analysen vornehmlich die Dünnschichtchromatographie Anwendung. Außerdem bot sich dabei die Gelegenheit, die Brauchbarkeit dieses chromatographischen Verfahrens im Hinblick auf seine Anwendbarkeit im Rahmen von DIN-Vorschriften zu prüfen.*

Proben aus Kiefernsplintholz mit den Abmessungen 5 cm × 5 cm × 2 cm wurden in Anlehnung an die DIN 52618 mit verschiedenen öligen Holzschutzmitteln behandelt. Entgegen den Forderungen dieser Norm jedoch war die Anstrichfläche sägerauh. Die Aufarbeitung sowohl der unbeanspruchten als auch der unterschiedlich lange beanspruchten Holzproben erfolgte auf verschiedene Weise. In einem Falle wurden die Holzproben ausgehend von der behandelten Oberfläche je nach Holzbeschaffenheit in 1 oder 2 mm dicke Holzplättchen zerlegt, dann weiter zerkleinert und mit Aceton extrahiert. Es gelang so, die Eindringtiefen der Wirkstoffe und deren mengenmäßige Verteilung in den einzelnen Holzzonen zu ermitteln. Bei einer anderen Versuchsreihe wurde jeweils das gesamte Holzklötzchen zerkleinert und extrahiert. Hier gaben die Analysen Aufschluß über Veränderungen der Gesamtwirkstoffmenge im Holz nach verschieden langer Windkanal-Beanspruchung.

Die eingeengten und auf ein bestimmtes Volumen eingestellten Extrakte sind zur dünnschichtchromatographischen Analyse an Schichten aus Kieselgel G und n-Heptan als Fließmittel verwendet worden.

Der Nachweis eines charakteristischen Wirkstoffes von öligen Holzschutzmitteln genügt zur qualitativen Analyse im Extrakt der Gesamtprobe. Auch zur Bestimmung der Eindringtiefe ist der Nachweis eines Wirkstoffes in den einzelnen Millimeter-Schichten ausreichend.

Wie sich bei der Bestimmung der Eindringtiefen von handelsüblichen öligen Holzschutzmitteln und von zwei Modell-Holzschutzmitteln herausstellte, dringen die Wirkstoffe ebenso tief in das Holz ein wie die Trägersubstanzen. Entmischungen waren nicht festzustellen.

Erwartungsgemäß und übereinstimmend mit Beobachtungen an teerölgetränkten Eisenbahnschwellen und Leitungsmasten [41] stellt sich ein von der behandelten Außenseite des Holzes zum Holzinnern verlaufendes Konzentrationsgefälle ein. Die Eindringtiefe

---

* Ein entsprechendes Blatt zur DIN 52161 zum qualitativen Nachweis von insektiziden und fungiziden Wirkstoffen öliger Holzschutzmittel mit Hilfe der Dünnschichtchromatographie befindet sich in Vorbereitung.

des aus Mineralöl mit dem Zusatz von 1% γ-HCH oder 1% E 605 bestehenden Modell-Holzschutzmittels betrug 8 mm. Das aus Steinkohlenteeröl mit dem Zusatz der genannten Wirkstoffe in gleicher Konzentration zusammengesetzte Holzschutzmittel zeigte Eindringtiefen von 4 bis 5 mm. Als Trägersubstanz diente die in Abb. 10 B wiedergegebene Steinkohlenteeröl-Fraktion, die reicher an höher siedenden Komponenten ist als sonst für ölige Holzschutzmittel verwendete Fraktionen (Abb. 10 A), was u. a. auch ein höheres spezifisches Gewicht zur Folge hat. Da aber besonders das spezifische Gewicht, die Viskosität und die Oberflächenspannung des Trägeröls von Einfluß auf die Eindringtiefe sind, bleibt diese weit hinter der eines handelsüblichen Teeröl-Präparates zurück. Abb. 11 zeigt die gaschromatrographische Aufnahme dieses

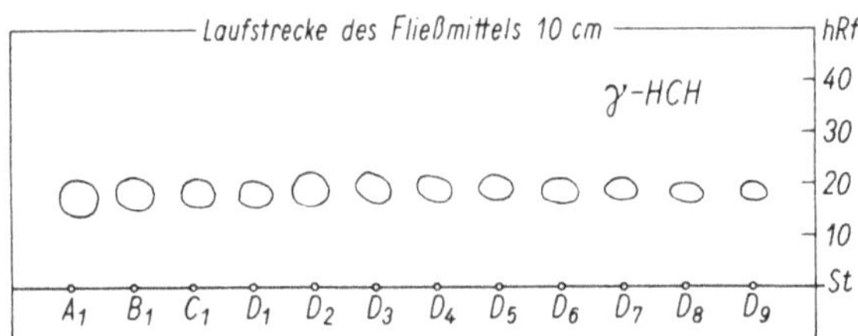

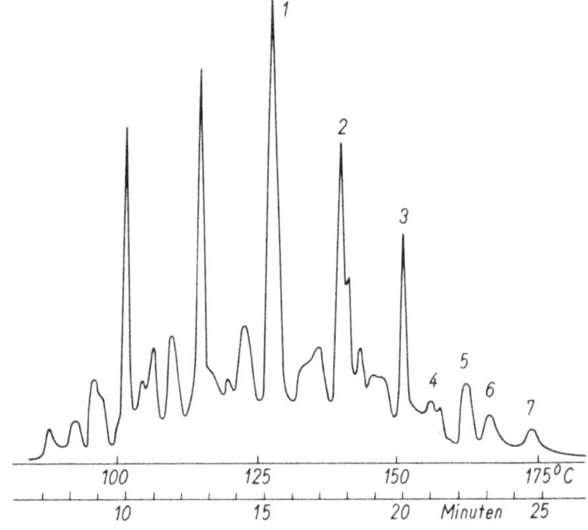

Abb. 11   Dünnschichtchromatographie und Gaschromatographie eines handelsüblichen öligen Holzschutzmittels

öligen Holzschutzmittels, das aus mehr als 25 Einzel-Komponenten besteht, von denen ein Großteil niedriger als Naphthalin siedet. Wie aus der im oberen Teil der Abbildung dargestellten dünnschichtchromatographischen Analyse des darin enthaltenen Wirkstoffes γ-HCH hervorgeht, dringt das Mittel 9 mm tief in das Holz ein (Proben D_1 bis D_9).

Für eine Reihe anderer, in der Praxis häufig verwendeter Holzschutzmittel wurden Eindringtiefen von 7 bis 8 mm ermittelt.

Bei einer Beanspruchung im Windkanal ist zu erwarten, daß im Außenbereich des Holzes eine stärkere Abnahme des Wirkstoff-Gehaltes eintritt als weiter im Holzinnern. Analysen von Extrakten des jeweils ersten Außenmillimeters von behandelten

20

Holzproben nach verschieden langer Beanspruchung bestätigen diese Annahme. Die
mit A_1 bezeichnete Probe im Dünnschichtchromatogramm der Abb. 11 zeigt den Wirkstoff-Gehalt im ersten Millimeter der unbeanspruchten Holzprobe. Es folgen von links
nach rechts die Analysen entsprechender Extrakte nach 10 (B_1), 30 (C_1) und 90 (D_1)
Tagen Windkanal-Beanspruchung. An Hand der Fleckengröße läßt sich gut die Abnahme des Wirkstoff-Gehaltes erkennen. Wie einer graphischen Darstellung entsprechender Analysen (Abb. 12) zu entnehmen ist, tritt der Hauptverlust in den ersten
30 Tagen auf; danach verändert sich der Gehalt an Wirkstoffen nur noch wenig. Ein
Lösungsmittel (Mineralöl)-Wirkstoff-Präparat (D) zeigt einen steileren Konzentrations-
abfall als ein Teeröl-Präparat (A). (Es sei darauf hingewiesen, daß in Abb. 12 und 13
die Bezeichnungen A, B, C, D usw. eine andere Bedeutung haben als in Abb. 11.)

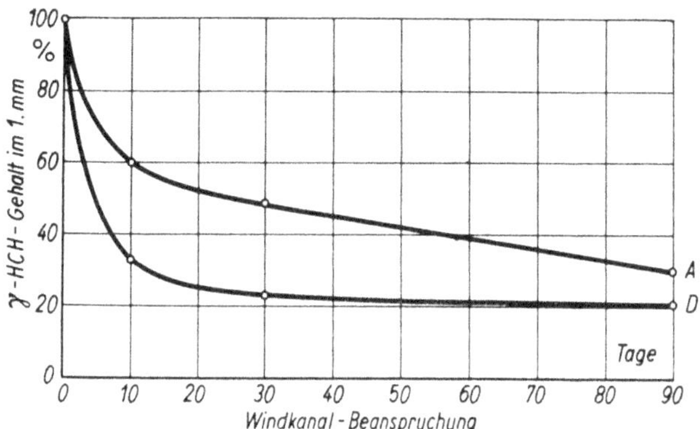

Abb. 12   Wirkstoff-Gehalt im Außen-Millimeter behandelter Holzproben nach Windkanal-
Beanspruchung (A, D s. Abb. 13)

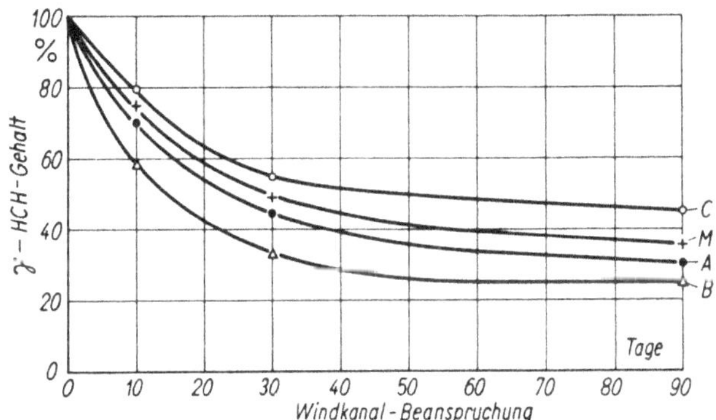

Abb. 13   Wirkstoff-Gehalt im Holz nach Windkanal-Beanspruchung (A, B, C und D sind
handelsübliche Holzschutzmittel, M ist ein Mineralöl mit 1% γ-HCH)

Interessant und bedeutungsvoll sind die Analysen-Ergebnisse der einzelnen Millimeter-
Proben von den 90 Tage lang im Windkanal beanspruchten Proben. Es zeigte sich,
daß schon vom zweiten Millimeter an wieder ein Konzentrationsanstieg zu verzeichnen
ist. Wie aus Abb. 11 hervorgeht, besitzt der Substanz-Fleck des γ-HCH der Probe D_2
eine deutlich größere Fläche als der von Probe D_1. Dieses Ergebnis ist insofern auf-
schlußreich, als es zeigt, daß auch nach starker Beanspruchung der Kontaktinsektizid-
Gehalt im Holzinnern kaum verändert erhalten bleibt. Die darauf folgende Abnahme
der Fleckengröße (D_3, D_4 usw.) entspricht dem von außen nach innen verlaufenden
Konzentrationsgefälle, das auch frisch behandelte Holzproben zeigen.

In diesem Zusammenhang sei nochmals das Modell-Holzschutzmittel auf Teeröl-Basis erwähnt, bei dem nach 90 Tagen im Windkanal kaum ein Wirkstoff-Verlust im Außenmillimeter, verglichen mit den folgenden Millimetern, zu beobachten war. Der Gehalt an höher siedenden Verbindungen, dem der langanhaltende Schutzerfolg von Steinkohlenteeröl nach Bundesbahn-Vorschrift zuzuschreiben ist, dürfte auch hier stärkere Wirkstoff-Verluste verhindern.

Parallel zu biologischen Untersuchungen [42] sind, wie bereits erwähnt, in einer weiteren Versuchsreihe die einzelnen Holzproben ungeachtet der Eindringtiefe jeweils als Gesamtprobe nach 10-, 30- und 90tägiger Windkanal-Beanspruchung extrahiert und die Wirkstoffe im Extrakt dünnschichtchromatographisch bestimmt worden. Die quantitative Auswertung der Chromatogramme ergab die in Abb. 13 wiedergegebenen Kurven. Auch hier zeigen sich starke Wirkstoff-Verluste in den ersten 30 Tagen; dann nähern sich die Kurvenzüge einer Geraden. Auffallend ist die gute Übereinstimmung der Kurven des Holzschutzmittels A in Abb. 12 und 13.

Die von H. Kühne [42] durchgeführten biologischen Versuche mit Taufliegen (Drosophila melanogaster Meig.) im Petrischalen-Versuch zum quantitativen Nachweis von Kontaktinsektiziden in öligen Holzschutzmitteln stimmen in ihren Ergebnissen innerhalb der Fehlergrenzen der beiden Nachweisverfahren überein. Trotz der Verluste nach 90 Tagen Windkanal-Beanspruchung sind die nachweisbaren Wirkstoff-Mengen unter Berücksichtigung der Versuchsergebnisse von G. Becker [1] für eine Dauerwirkung ausreichend.

6. Zusammenfassung

Versuche wurden mit dem Ziel durchgeführt, Anwendungsmöglichkeiten chromatographischer Verfahren in der Holzschutzmittel-Analytik zu prüfen. Dabei hat sich gezeigt, daß die Dünnschichtchromatographie geeignet ist, für die Beurteilung von Holzschutzarbeiten, bei denen ölige Holzschutzmittel verwendet wurden, eingesetzt zu werden. Die Nachweisempfindlichkeit reicht aus zum Erfassen der Wirkstoff-Mengen, die in einem nach DIN 52161 entnommenen Bohrkern enthalten sind. Ebenso läßt sich mit Hilfe der Dünnschichtchromatographie die Eindringtiefe öliger Holzschutzmittel ermitteln, indem die qualitative Analyse eines Wirkstoffes im Extrakt des behandelten Holzes millimeterweise fortschreitend ausgeführt wird. Auf Grund der Fleckengröße der Wirkstoffe auf dem Chromatogramm lassen sich halbquantitative Aussagen beispielsweise über den Kontaktinsektizid-Gehalt in behandeltem Holz oder über Wirkstoff-Verluste machen. Die Gaschromatographie ermöglicht wesentlich exaktere quantitative Bestimmungen, doch ist sie vielfach bei der Analyse von öligen Holzschutzmitteln nur in Kombination mit anderen chromatographischen Trennungen (präparative Dünnschichtchromatographie) anwendbar.

Holzproben, die in Anlehnung an die DIN 52618 mit öligen Holzschutzmitteln behandelt worden waren, wurden einer 10-, 30- und 90tägigen Windkanal-Beanspruchung ausgesetzt. Die halbquantitative Auswertung des Dünnschichtchromatogramms der Extrakte zeigte, daß die Wirkstoff-Verluste besonders stark in den ersten 30 Tagen sind. Trotz der Verluste nach 90 Tagen reicht die im Holz verbliebene Wirkstoff-Menge für eine Dauerwirkung aus.

7. Literaturverzeichnis

[1]   BECKER, G., Mitt. Dt. Ges. f. Holzforsch. Nr. 53, 78 (1966).
[2]   SANDERMANN, W. und G. Z. JONAS, Holz als Roh- u. Werkst. 9, 298 (1951).
[3]   BURO, A., Holz als Roh- u. Werkst. 15, 437 (1957).
[4]   AEPLI, O. T., P. A. MUNTER und J. F. GALL, Anal. Chem. 20, 610 (1948).
[5]   COURTIER, L., H. ANDRE und J. PRAT, Chim. Analytique 31, 201 (1949).
[6]   KOLKA, A. J., H. D. ORLOFF und M. E. GRIFFING, J. Amer. chem. Soc. 76, 3940 (1954).
[7]   RAMSAY, L. L. und W. I. PATTERSON, J. Assoc. off. agric. Chemists 29, 337 (1946).
[8]   BRIDGES, R. G., A. HARRISON und F. P. W. WINTERINGHAM, Nature 177, 86 (1956).
[9]   MITCHELL, L. C., J. Assoc. off. agric. Chemists 35, 920 (1952).
[10] DIETRICHS, H. H. und W. SANDERMANN, Holz als Roh- u. Werkst. 16, 340 (1958).
[11] HALLER, H. L., P. D. BARTLETT, N. L. DRAKE, M. S. NEWMAN, S. J. CRISTOL, C. M. EAKER, R. A. HAYES, G. W. KILMER, B. MAGERLEIN, G. P. MUELLER, A. SCHNEIDER und W. WHEATLEY, J. Amer. chem. Soc. 67, 1591 (1945).
[12] CRISTOL, S. J., S. B. SOLOWAY und H. L. HALLER, J. Amer. chem. Soc. 69, 510 (1947).
[13] GRANGER, C. und P. ZWILLING, Bull. Soc. chim. France 17, 873 (1950).
[14] BECKMAN, H. F., Anal. Chem. 26, 922 (1954).
[15] GRUCH, W., Naturwissenschaften 41, 39 (1954).
[16] MITCHELL, L. C., J. Assoc. off. agric. Chemists 37, 996 (1954).
[17] WINTERINGHAM, F. P. W., A. HARRISON und R. G. BRIDGES, Nature 166, 999 (1950).
[18] MITCHELL, L. C. und W. J. PATTERSON, J. Assoc. off. agric. Chemists 36, 553 (1953).
[19] MITCHELL, L. C., J. Assoc. off. agric. Chemists 39, 484 (1956).
[20] MÜLLER, R., G. ERNST und H. SCHOCH, Mitt. Lebensmittelhyg. 48, 152 (1957).
[21] MEEK, W. L., Univ. Illinois, Agric. Exper. Sta., Dep. Forest Note 75 (1958).
[22] KRATZL, K., H. SILBERNAGEL und E. ANTON, Holzforsch. u. Holzverwertung 13, 3 (1961).
[23] IZMAILOV, N. A. und M. S. SHRAIBER, Farmatsiya Nr. 3 (1938).
[24] KIRCHNER, J. G., J. M. MILLER und G. J. KELLER, Anal. Chem. 23, 420 (1951).
[25] REITSEMA, R. H., Anal. Chem. 26, 960 (1954).
[26] STAHL, E., s. Dünnschicht-Chromatographie, Ein Laboratoriumshandbuch, Springer-Verlag, Berlin–Göttingen–Heidelberg 1962.
[27] PETROWITZ, H.-J., Chemiker-Ztg. 85, 867 (1961).
[28] PETROWITZ, H.-J., Mitt. Dt. Ges. f. Holzforsch. Nr. 48, 57 (1961).
[29] DETERS, R., Holz als Roh- u. Werkst. 21, 362 (1963).
[30] KRZEMINSKI, L. F. und W. A. LANDMANN, J. Chromatogr. 10, 515 (1963).
[31] KATZ, D., J. Chromatogr. 15, 269 (1964).
[32] KAWASHIRO, J. und Y. HOSOGAI, Shokuhiu Eiseigaku Zasshi 5, 54 (1964), vgl. Chem. Abstr. 61, 6262c (1964).
[33] TSCHESCHE, R., G. BIERNOTH und G. WULFF, J. Chromatogr. 12, 342 (1963).
[34] KOVACS, M. F. Jr., J. Assoc. off. agric. Chemists 46, 884 (1963).
[35] FÜRST, H., H. KÖHLER und J. LAUCKNER, Chem. Tech. 16, 105 (1964).
[36] GUILLEMIN, C. L., Anal. Chim. Acta 27, 213 (1962).
[37] BECKMANN, H. und A. BEVENUE, J. Chromatogr. 10, 231 (1963).
[38] GOODWIN, E. S., R. GOULDEN, A. RICHARDSON und J. G. REYNOLDS, Chem. and Ind. 1960, 1220.
[39] PETROWITZ, H.-J., Chemiker-Ztg. 88, 235 (1964).
[40] HALPAAP, H., Chem.-Ing.-Techn. 35, 488 (1963).
[41] PETROWITZ, H.-J. und G. BECKER, Materialpr. 6, 461 (1964).
[42] KÜHNE, H., Mitt. Dt. Ges. f. Holzforsch. Nr. 53, 11 (1966).
[43] DETERS, R., Chemiker-Ztg. 86, 388 (1962).
[44] PETROWITZ, H.-J., Chemiker-Ztg. 86, 815 (1962).
[45] BÄUMLER, J. und S. RIPPSTEIN, Helv. chim. Acta 44, 1162 (1961).